ANALYSE DE L'EAU

MINÉRALE FERRUGINEUSE

DE LA BAUCHE

ANALYSE DE L'EAU

MINÉRALE FERRUGINEUSE

DE LA BAUCHE

CANTON DES ÉCHELLES (SAVOIE)

PAR

Ch. CALLOUD

Membre de la Société Médicale de Chambéry,
de l'Académie impériale des Sciences et Belles-Lettres de Savoie;
Correspondant de l'Académie Florimontane d'Annecy,
de la Société de Pharmacie de Paris, de la Société impériale d'Agriculture
et des Arts de Seine-et-Oise, de l'Académie royale d'Agriculture
de Turin, Membre honoraire de l'Académie royale
de médecine de la même ville, etc.

Publié par décision de la Société Médicale de Chambéry,
Séance du 3 juillet 1863.

CHAMBÉRY

IMPRIMERIE A. POUCHET ET Cie, PLACE SAINT-LÉGER, 27

1863

ANALYSE DE L'EAU

MINÉRALE FERRUGINEUSE

DE LA BAUCHE

RAPPORT

HISTORIQUE. — Vers le milieu de l'été de 1862, un filet d'eau ferrugineuse, très riche en fer, rougissant considérablement le sol et endommageant, par l'humidité permanente qui en résultait, un pré dépendant du domaine de M. le comte Crotti de Costigliole, ancien ministre de S. M. le roi Charles-Albert, non loin de son château de la Bauche, fut soumis à une investigation chimique. Il s'était passé environ deux mois, avant l'examen de l'échantillon qui m'avait été apporté et que j'avais jugé défectueux. Après ce laps de temps, n'en ayant pas reçu d'autre, je l'examinai avec la persuasion de n'y pas trouver de fer en solution, d'après l'expérience de la conservation éphémère de l'élément *proto-ferré* dans toutes les eaux ferrugineuses de la région sous-alpine de la Savoie qui y abondent et dont la connaissance m'est familière. Aussi ce fut avec surprise que j'y constatai le protoxyde de fer en solution en quantité appréciable. J'en écrivis immédiatement au propriétaire en lui exposant que la circonstance de la conservation du fer dans cette eau, la rendant utile à la thérapeutique, lui méritait une analyse. Je fus invité à venir constater sur place ce que pouvait être et valoir cette eau. Mes réactifs ne tardèrent pas à signaler une eau minérale *proto-ferrée* d'une valeur exceptionnelle dans la classe des *Eaux minérales ferrugineuses bicarbonatées et crénatées.* L'indication de ses caractères, hautement prononcés, exprimait que cette eau minérale devait tenir une place distinguée dans la classe des eaux *proto-ferrées, bi-carbonatées et crénatées* ; aussi, dans une lettre envoyée à l'Académie florimontane pour annoncer sa découverte, (*Revue Savoisienne*, numéro de décembre 1862), je la signalai comme telle, égale à la célèbre eau de Challes *primicière* entre toutes les eaux sulfureuses *monosulfhydratées* connues.

Cette révélation obligeait à un captage de la précieuse fontaine. Le propriétaire, M. le comte Crotti, obéissant noblement, selon ses expressions, *aux ordonnances de la science*, commanda sur le champ les travaux nécessaires. Des ouvriers furent amenés, et, d'après mes indications, une tranchée fut ouverte

dans le sens d'une colline à terre cultivée, reposant
sur un banc de molasse marine (grès tertiaire miocè-
ne) abondant en *nodules ovoïdes pyriteux* et en
géodes d'hydroxyde ferrique avec indices de lignite.
Là, se trouvait, en effet, le point de réunion des
eaux qui suintaient dans cette direction à mesure
qu'on avançait dans le sous-sol. En élargissant enfin
le périmètre d'excavation qui avait été poussé à
plus de deux mètres de profondeur sur cinq de
large, on trouva, avec surprise, dès 1 m. 40 c. à 2
m. 60 c. au-dessous du niveau du sol et où aucun
vestige extérieur n'en faisait soupçonner l'existence, des restes de construction ancienne, des
briques à rebords, un pavé dallé, une auge, des
pieux, un plancher et autres pièces en bois entièrement noircies et détériorées, et un mur épais en
forme de compartiment au bas duquel sourdent les
eaux minérales dans toute leur richesse de minéralisation. Ces restes attestent là une construction
ancienne, qui semble faite pour l'aménagement de
la fontaine minérale, mais l'absence d'inscription
et d'indication précises ne permet point encore d'en
fixer l'époque et même la destination. Toutefois, il
est notoire que la vallée a été fréquentée par les
conquérants de la Gaule transalpine, car on y dé-
couvre fréquemment des tombes de l'époque gallo-
romaine.

. D'autre part, des études archéologiques récentes
indiquent à 4 ou 5 kilomètres de là, la station romaine de *Labisco*, intermédiaire entre *Lemencum*

(Chambéry) et *Augustum* (Aoste-Isère), sur la grande voie prétorienne qui, partant de la métropole antique, pénétrait dans les Gaules, et par laquelle se faisaient le service de ses courriers et le transport de ses légions en deçà des Alpes (1). La circonstance de ces restes de construction, qu'aucune tradition locale ne reconnait, enfouis aussi profondément sur le point de réunion des eaux, là où elles ont leur plus grande force de minéralisation, vient attester que la source minérale de La Bauche a été, anciennement, l'objet d'une utilisation pratiquée par un groupe peuplé non loin de là et habitué, par l'effet diffusif de la civilisation, aux usages hygiéniques et thérapeutiques des eaux.

PREMIÈRE PARTIE

Géologie et Topographie

TERRAIN. — Dans l'étude des eaux minérales, celle du sol et terrain adjacents est d'une très grande importance. Par leurs indications, ces études combinées se renvoient, de l'une à l'autre, des lumières

(1) Ducis, Voies romaines. *Revue Savoisienne*, 1861-62-63.

qui sont au profit des déductions scientifiques sur la nature minérale des roches et sur le gisement de minéralisation des eaux. Par la connaissance du terrain, l'eau qui en jaillit est à l'épreuve des interprétations auxquelles est assujétie la nature de sa minéralisation, et, par la vérification de celle-ci, on a un contrôle des éléments minéraux cédés. Il importe essentiellement à l'analyse hydro-minérale de s'enquérir de la nature des terrains, car cette connaissance donne à l'opérateur une clairvoyance qui va au devant du succès des recherches.

La géologie de la petite vallée de La Bauche, au point de vue minéralogique, est simple comme celle de toutes les vallées de la basse Savoie éloignées de la région alpine. C'est le calcaire qui l'encadre; il appartient, en entier, au système calcaroïde de formation néocomienne, de l'étage supérieur jurassique (urgonien). Nulle part, il n'a subi de ces altérations remarquées dans le voisinage des roches alpines et caractérisées par le métamorphisme, telles que *déshydratation, structure schisteuse* et *aspect noirâtre, cristallisation ignée, pénétration de roches amphiboliques cristallines; et de filons métallifères, sulfatisation, intercalation,* etc. Sa structure est compacte, son aspect *blanc-jaunâtre* ; il fournit dans sa stratification régulière une belle pierre de taille ; il est hydraté, très attaquable par les acides, même par les acides étendus ; sa calcination donne une bonne chaux *grasse* très sensiblement alcalisée par la soude. Les fossiles qu'il recèle sont générale-

2

ment bien conservés et appartiennent à la faune
coquillère des mers néocomiennes *(Chama ammo-
nia, Caprotina, Radiolites, etc)*. Le plus souvent ils
sont empâtés dans la masse calcaire et s'y sont
soudés par la cristallisation aqueuse. En effet, leur
test au lieu d'être écailleux, schistoïde, terne comme dans les roches sédimentaires altérées, est blanc,
brillant, cristallisé, résultat dû à une cristallisation
tranquille au sein d'une eau chargée d'acide carbonique.

Si je m'étends un peu sur les caractères de ce
calcaire qui encadre en puissantes assises la petite
vallée de La Bauche, c'est qu'ils donnent la raison
de la simplicité des eaux qui en proviennent. Les
eaux aériennes en tombant sur la montagne, sous
forme de neige et de pluie, n'y rencontrent qu'un
terrain géologiquement pur, compacte, qui ne leur
cède du *calcaire fossilifère* qu'en proportion de l'a-
cide carbonique qu'elles contiennent. La proportion
des sels dissous est toujours légère; ce sont des bi-
carbonates terreux et alcalins, avec des *traces* de
sulfates, de chlorure de sodium, d'iodure alcalin
et un peu de phosphate de chaux, vestiges salins
des mers anciennes, restés engagés avec les coquil-
lages et les herbes marines dans le limon calcaire durci. Toutes les eaux douces qui descendent dans la vallée ont les 4[5es de leur minéralisation en carbonates.

Après le calcaire dominant vient la molasse marine compacte (grès argileux à ciment calcaire),

reposant immédiatement sur l'urgonien et suppor-
tant des dépôts quaternaires que les glaciers et les
grands courants alpins ont charriés tantôt avec
violence , tantôt tranquillement. Ces dépôts ont
éprouvé des lavages *à grande eau* : ils ne cèdent
plus rien ou très peu de matière minérale aux eaux
actuelles qui les touchent.

D'ailleurs, ils ne contiennent pas de roches solubles, sauf les débris du calcaire local qui y ont été
mêlés accidentellement soit par chute de la montagne, soit par les ravines, soit encore par un dépôt
des eaux douces calciques agglomérées. Ce n'est
seulement qu'après leur longue exposition à l'air
et au soleil, après des épreuves successives par le
gel et le dégel, que des débris de roches cristallines alpines, micas, feldspath, orthose, gneiss, am-
phibolite, etc., engagés dans la terre végétale et
mêlés aux détritus organiques , fournissent une
minime part de leurs éléments solubles dans les-
quels il faut compter principalement la potasse qui
profite surtout aux végétations.

Dans toute cette exposition du terrain minéralogique de la vallée de La Bauche, il n'y a pas l'indication du sulfate de chaux, soit de roche triasique,
soit de dépôt tertiaire. L'absence du sel gypseux,
d'ailleurs reconnue par les études géologiques les
plus récentes dans presque toute la région sous-
alpine, est complète à La Bauche. Cette circonstance explique la simplicité de minéralisation de
toutes les eaux de cette localité très bonnes, très

digestives, par la condition presque exclusivement *bi-carbonatée* de ses sels.

Quant au gisement particulier de minéralisation de l'eau minérale qui nous occupe, il est indiqué avec une précision remarquable dans la molasse marine renfermant en quantité et sur une étendue assez considérable, des *géodes* de peroxyde de fer hydraté et des *nodules ovoïdes* de fer pyriteux, avec *indices* de lignite disséminé dans les couches supérieures. Ces nodules ou concrétions affectent la forme des *amandes* ou de quelques coquilles bivalves. Le fer pyriteux n'y offre pas l'aspect cristallisé en prisme, mais il est pétri, soit disséminé dans un grès micacé un peu rouillé à la surface, et n'est accusé, au moins dans les concrétions superficielles mises à nu, que par la présence d'un peu de rouille à l'extérieur, et à l'intérieur par la saveur du fer *proto-ferré* qu'il donne sensiblement au goût. D'autre part, ces concrétions ovalaires grillées répandent manifestement l'odeur du gaz acide sulfureux. J'ai remarqué que celles qui ont été mises à nu, par une érosion de la molasse donnent à l'eau distillée bouillante une minime quantité de sulfate *ferroso-ferrique* avec des *traces très sensibles* d'ammoniaque. Ce fait provient évidemment de l'oxydation à l'air du fer pyriteux disséminé dans le grès très poreux.

Pour compléter cet exposé géologique et minéralogique, je rapporte ici, en entier, une note sur la constitution géologique de La Bauche, qu'a bien voulu me communiquer M. l'abbé Vallet, géologue distingué et très familiarisé avec la connaissance de cette vallée, d'où il est originaire :

« Dans la petite vallée de La Bauche, le sol végétal est en partie *argilo-siliceux*, en partie calcaire et argilo-calcaire. Ces nuances dans la nature du sol superficiel s'expliquent par la diversité des éléments qui constituent le sous-sol ; sur quelques points c'est le *diluvium* glaciaire avec son *lehm* boueux et ses cailloux alpins ; ailleurs ce sont des nappes de matières tuffacées et de galets calcaires charriés par de nombreux ruisseaux dont le lit paraît s'être déplacé à différentes époques ; enfin, on voit sur une certaine étendue, principalement au nord-ouest du château, les terres arables en contact immédiat avec la molasse marine.

« Ici, comme dans toute la vallée comprise entre Yenne et les Echelles, les couches de la molasse fortement relevées à l'est par la montagne de l'Epine et à l'ouest par la chaîne de Chaille, présentent la configuration en fond de bateau. Du sommet de la colline de St-Franc, qu'elles recouvrent en entier, on les voit plonger sous le ravin de Morges et se redresser à l'est de la vallée contre l'urgonien de la montagne de Couz. La partie inférieure de ce dépôt est un grès grossier, à ciment calcaire qui contient en fait de débris organiques, des polypiers, des oursins, des pectens, des dents de poisson et quelques ossements de grands cétacés. Les couches supérieures ont une composition minéralogique notablement

différente ; tantôt ce sont des bancs d'un sable jaunâtre qui se désagrége au contact de l'air, tantôt
c'est une marne argilo-siliceuse d'un gris bleuâtre,
schistoïde, avec lits intercalés de grès dur. On
trouve dans cette marne de nombreuses *géodes* ou
concrétions *ferrugineuses* qui affectent souvent la
forme d'une amande ; quant aux fossiles ils y sont
beaucoup plus rares que dans le grès inférieur. Les
eaux ferrugineuses de M. le comte Crotti sourdent
dans les dernières assises de la molasse, et il est à
présumer qu'elles se minéralisent en les traversant.
Il n'y a, en effet, dans toute la contrée, d'autres
roches ferrugineuses que des marnes, si ce n'est un
lambeau de *brèche* de *Vimines* qui se trouve entre la
molasse inférieure et l'urgonien au-dessus du chalet
et dont le ciment contient du fer oolithique. Quant
au lignite, malgré les quelques filons qui apparais-
sent disséminés dans la marne argilo-siliceuse, je
ne crois pas à l'existence d'un gisement plus considérable de ce combustible dans la vallée de La
Bauche, car notre molasse marine du bassin de
Chambéry et du bassin de Novalaise, bien qu'elle
soit découpée transversalement à la direction de ses
couches par de nombreux et profonds ravins, ne
laisse voir aucun affleurement de charbon-fossile en
quantité notable. »

Après cet exposé détaillé du terrain, vient cette
question qui, quoique spéculative, intéresse hautement l'analyse : *Comment se fait la minéralisation de
l'eau ferrugineuse de la Bauche ?*

D'après l'examen des eaux douces alcalino-calciques qui descendent de la montagne et sont très
aérées par l'oxygène et le gaz carbonique de l'air, je
l'interprète ainsi: Ces eaux, en filtrant à travers la molasse et les dépôts perméables supérieurs et lessivant
le fer pyriteux existant en un certain état de division
dans le grès poreux, décomposent le sulfure de fer,
d'une part en carbonate de protoxyde de fer, de
l'autre en bi-sulfure alcalin. Ces deux sels ne réa-
gissant pas immédiatement l'un sur l'autre avec
l'acide carbonique libre, arriveraient ainsi à l'émer-
gence ou donneraient lieu à la formation d'une eau
spécialement sulfureuse, sans l'oxygénation par-
tielle que subit le sulfure alcalin par le filtrage des
eaux aérées à travers les couches poreuses de la
roche, c'est-à-dire par l'action consécutive des eaux
aérées et de la porosité de la molasse pyriteuse qui
transforme le sulfure en hyposulfite alcalin. Cette
transformation annulant le sulfure alcalin, laisse
le carbonate de protoxyde de fer intact et donne à
l'eau minéralisée un caractère exclusivement *proto-
ferré*.

D'autre part, un peu de protoxyde de fer formé
s'est combiné avec la partie soluble des débris
de combustible *fossile* disséminés dans les couches
molassiques, et arrive à l'état de *crénate*.

Cette interprétation ne trouvera pas d'approbation immédiate. Elle semble trop contrarier les
expériences du laboratoire entre un proto-sel de
fer et un sulfure alcalin, mais il faut observer que

les réactions naturelles se font dans d'autres conditions. De fait, la nature alcaline des eaux, très aérées par l'oxygène et le gaz carbonique, et la porosité condensatrice des roches peuvent faciliter une réaction de ce genre.

Une autre explication, plus facile en ce qu'elle offre moins de complication, s'était présentée à mon esprit avant l'achèvement de l'analyse de cette eau minérale, c'était celle-ci : Une portion de fer pyriteux, convertie par l'oxygénation en proto-sulfate de fer serait décomposée par le carbonate alcalin des eaux alcalino-calciques de la montagne, d'où seraient résultés du carbonate de protoxyde de fer et un sulfate alcalin. Ici, la difficulté n'est plus dans l'explication mais dans sa conciliation avec le résultat de l'analyse. D'où vient que l'eau minérale n'accuse pas la présence d'un *sulfate* ou ne l'accuse que dans le salin calciné? D'autre part, le sulfate alcalin trouvé dans le salin calciné est en trop minime proportion pour correspondre avec la quantité de protoxyde de fer de beaucoup supérieure. En effet, l'analyse a trouvé, par litre d'eau minérale, à peine 1 centigramme de sulfate de soude dans le salin calciné et 0 gramme 099 milligrammes de sesqui-oxyde de fer. Cette quantité de fer exigerait proportionnellement de 6 à 7 centigrammes de sulfate alcalin.

Ce n'est donc pas d'une décomposition de sulfate de fer formé dans la pyrite de la molasse par un carbonate alcalin que provient le fer protoxydé de

l'eau minérale. Cette exclusion me fait me rattacher
à la première hypothèse.

J'admettrai encore moins l'origine de minéralisation proto-ferrée de l'eau de la Bauche dans le
détritus de plantes de marécages. Au-dessus de
la fontaine il n'y a pas de marais, et la prairie
d'où elle jaillit ne fournit que de bonne herbe
à fourrage; enfin toutes les eaux douces environnantes sont pures, limpides et très potables. De
plus, les eaux ferrugineuses des marécages contiennent toujours quelque peu de gaz hydro-carboné
(gaz des marais). L'eau de la Bauche est remarquable par sa limpidité, sa fraîcheur et par toute
absence de gaz inflammable et indissoluble. Elle
ne dégage soit spontanément, soit par l'agitation,
aucune bulle gazeuse.

Pour me rendre compte exactement du gisement
de minéralisation de l'eau minérale de la Bauche,
j'ai fait une expérience importante et qui établit
parfaitement ce que les sous-sols ferrugineux peuvent donner en fait de *protoxyde de fer* aux eaux.
On sait que les marnes argileuses sont ferrugineuses, que les briques faites avec cette terre plastique
deviennent *rouge-vif* après leur cuisson, effet dû
au sesqui-oxyde de fer calciné. Il est évident, d'après
ce fait, que la terre plastique grise, à l'état naturel,
contient le fer à l'état de protoxyde. On sait, en
effet, qu'un certain nombre d'argiles contiennent une
petite proportion de silicate de protoxyde de fer.
J'ai donc pris une certaine quantité de cette terre

3

à tuile et aussi de la terre argileuse grisâtre du sol d'où jaillit la fontaine minérale et les ai introduites avec un peu d'*extrait humique* dans deux bouteilles d'eau douce chargée à trois atmosphères de gaz carbonique. Le contact, aidé de l'agitation de ces terres avec l'eau a duré deux mois; après ce temps, jugeant qu'elles avaient cédé toute la partie de leur fer soluble à l'eau *humique* chargée de gaz acide carbonique, j'ai débouché les bouteilles et essayé l'eau toute pétillante de gaz. Au goût, elle ne laissait apercevoir qu'une saveur *très faible* de fer, et l'acide gallique n'y décéla que des *traces* à peine sensibles de fer par une coloration *violat* très tendre; les autres réactifs ne décélèrent rien.

Cette expérience, faite avec le plus grand soin, me confirme que ce n'est pas la marne ferrugineuse et non plus la terre argileuse du sol des marécages qui peuvent fournir l'élément *proto-ferré* qui minéralise en si grande proportion l'eau ferrugineuse de la Bauche. D'ailleurs l'observation est là pour établir qu'un très grand nombre d'eaux douces potables, pas du tout ferrugineuses, sourdent des argiles et marnes contenant du fer.

J'ai donc soumis cette question du gisement de minéralisation des eaux de la Bauche, question toute philosophique et d'une certaine importance pour l'hydrologie minérale, à des études pratiques et à des considérations spéculatives raisonnées. Pour la généralisation qu'elles comportent, la science ou l'opinion en tirera un profit.

TOPOGRAPHIE. — La source minérale de la Bauche est située dans la partie basse des terres cultivées de la vallée, un peu au-dessus de la petite rivière de la Morge qui en occupe la partie la plus déclive. Elle est distante de 150 mètres de la route départementale n° 7 qui traverse la commune et qui aboutit, au nord, au bas du col du mont du Chat, à la route départementale n° 5 de Chambéry à Belley, et, au midi, à une distance de 6 kilomètres, au bourg des Echelles, au point d'intersection de la route impériale de Chambéry à Lyon et à Grenoble. Son accès est donc des plus faciles. Elle est abritée des vents du nord par un mamelon élevé et regarde en plein le midi. Le site est ce qu'il est généralement dans un pays montagneux de moyenne élévation, à la fois agreste et riant par le relief des montagnes environnantes à rochers escarpés et par l'aspect des luxuriantes végétations des côteaux cultivés. L'horizon au midi et au couchant est très beau et assez étendu. La vue repose agréablement, d'un côté, sur Chaille et Saint-Franc (Savoie), et de l'autre sur la belle colline de Miribel et les gorges sombres de la Grande-Chartreuse (Isère), le Liban des Alpes. Au nord, à une distance de 5 kilomètres, est le joli lac d'Aiguebelette enchassé dans un des plus riants vallons du Bugey savoyard. Au nord-est, au-dessus de la montagne de Couz, à une élévation de 1,600 mètres, se trouve le *Signal*, cime abrupte, mais très accessible, où convergeaient, au temps de la féodalité, les signaux de deux grandes vallées latérales, et d'où la vue jouit du splendide panorama des Alpes, du Mont-Blanc et de la plaine de France où se dessinent le cours supérieur du Rhône, les collines de Lyon et les montagnes du Forez et de l'Auvergne dans un horizon illimité.

L'altitude moyenne de La Bauche est d'environ 500 mètres au-dessus du niveau de la mer. Le climat est celui des élévations moyennes ; l'air y est pur et assez stimulant sans être trop vif. Les eaux douces, qui toutes descendent, en assez grande abondance, de la montagne voisine à roche calcaire compacte, y sont excellentes. La population rurale est d'un beau sang et de constitution robuste ; aucun vestige des endémies manifestées dans la région alpine métamorphisée et dans les contrées marécageuses ne s'y fait remarquer.

Un établissement avec une annexe pour maison de convalescence, placé près de la source minérale, semblerait devoir être, là, dans toutes les conditions recherchées pour une station hydro-minérale. A quelques pas de là se trouvent : une fort belle pièce d'eau profonde, d'une étendue de 25 ares, dont les eaux vives pourraient fournir largement à un service hydrothérapique ; le château de M. le comte Edouard Crotti de Costigliole et un ravin très ombreux, asile paisible où serpentent en méandres des promenades et un ruisseau. La richesse remarquable de l'eau minérale et les agréments réunis du site et d'un climat fortifiant sous tous les rapports, invitent à l'érection d'un établissement sanitaire à La Bauche.

DEUXIÈME PARTIE

Analyse

RECHERCHES INDICATIVES

EXAMEN ET PROPRIÉTÉS PHYSIQUES. — L'eau minérale de La Bauche est limpide, fraîche ; sa saveur est franchement ferrugineuse et accuse nettement la présence d'un proto-sel de fer ; elle offre, par l'agitation, l'odeur manifeste des solutions *proto-ferrées* avec quelque chose de celle de l'acide sulfhydrique, mais à un si faible degré que cela est inappréciable par les réactifs du soufre. Elle ne dégage, soit spontanément, soit par l'agitation, aucune bulle gazeuse manifeste ; aucun corps en suspension n'en trouble la transparence qui est parfaite. Après un instant d'exposition à l'air, elle se trouble et dépose du sesqui-oxyde de fer en flocons; après le dépôt, l'eau a perdu sa saveur ferrugineuse et ses caractères primitifs. Les mêmes effets s'observent dans l'eau renfermée en condition défectueuse dans des verres ; mais, ici, il se passe une réaction remarquable que nous traiterons dans l'exposé du travail analytique. Le fait observé est celui-ci : le sesqui-oxyde de fer déposé se redissout après quelque temps en revenant à l'état de *protoxyde* et l'eau redevient claire avec tous ses caractères proto-ferrés. Dans les bassins de captage, elle dépose une grande quantité de *sesqui-oxyde de fer* engagé dans un réseau glairineux volumineux ; celle qui s'écoule laisse, sur un parcours assez long, une traînée de peroxyde de fer qui tache en *rouge-orangé vif* les issues des bassins et le canal d'écoulement. Sa température, prise dans les mois de septembre, octobre et novembre 1862, par une température aérienne de 22°, 20°, 6° au-dessus de zéro et 0°, a été la même ; elle a accusé constamment avec un thermomètre de précision 12° centigrades. Sa pesanteur spécifique est de 1,00055 ; son débit naturel donne 1 litre et demi à la minute ; mais à côté s'échappent d'autres filets d'eau non encore captés et qui ont été reconnus d'égale force minérale. Quelques sondages, pratiqués sur un périmètre assez étendu et dans un plan plus élevé, ont révélé de nombreux suintements d'eau minérale aussi très riche en fer.

L'eau soumise à l'ébullition se dépouille complètement de son fer et il se forme un dépôt mixte de sesqui-oxyde et de carbonate terreux ; chauffée à 32°, elle se trouble, mais en conservant encore *très sensiblement* du protoxyde de fer en solution après son refroidissement. Embouteillée dans de bonnes conditions, elle supporte le transport et se conserve dans toute son intégrité minérale.

INDICATION. — L'eau minérale a été soumise à des recherches indicatives, à plusieurs reprises et à des époques différentes, tant à la source qu'avec de l'eau transportée. Les essais ont été faits dans les meilleures conditions atmosphériques, dans les mois de septembre et d'octobre 1862, par des temps de sécheresse complète dans l'air et dans les terres, soit lorsque les eaux superficielles de sources et de ruisseaux avaient tari en grande partie ou n'avaient partout qu'un volume très restreint. Ces essais ont été répétés aussi à des époques différentes, pour le contrôle, dans les mois de novembre et de décembre qui ont été très pluvieux, et pendant l'hiver, dans les mois de janvier, février et mars 1863, par des temps secs et très beaux.

L'eau minérale, recueillie exclusivement pour les opérations de dosage des éléments minéralisateurs, a été puisée avec tous les soins prescrits pendant la sécheresse des terres, après un bel été, dans les mois de septembre et octobre 1862.

Les essais indicatifs faits sur l'eau minérale recueillie dans les temps secs et pluvieux ont donné des résultats sensiblement égaux relativement à l'intensité des réactions ; seulement le dosage du fer avec l'eau puisée après des pluies et la fonte des neiges qui avaient détrempé les terres, a accusé une légère variation évaluée à 1[5e en moins de *protoxyde de fer*. D'autre part, l'eau recueillie en septembre et en octobre 1862 n'a pas accusé *la moindre trace* de gaz oxygène, tandis que cette vérification répétée sur de l'eau puisée à la source les 28 novembre, 3 mars et 29 avril suivants a manifesté la présence de ce gaz en dissolution.

Les puisages faits à la fin de l'été, par un temps
sec, ont donc donné de l'eau dans les meilleures
conditions de conservation. Aussi de l'eau embouteillée à cette époque, alors même que la source
n'avait pas encore été protégée par un travail régulier de captage, a pu voyager sans aucune altération.
Un échantillon réservé pour cette expérience a été
vérifié six mois après, dans la séance du 6 mars de
la Société médicale de Chambéry. L'eau minérale
était restée limpide et a donné aussi, comme à la
source, tous ses caractères *proto-ferrés* avec la même
intensité.

GAZ COMBINÉS ET LIBRES. — La recherche des gaz
a été faite à la source même, et, pour le contrôle,
sur de l'eau transportée.

GAZ ACIDE CARBONIQUE. — L'eau absorbe, à la
source, par 1,000 grammes, 28 grammes d'eau de
chaux titrée à 0,15 p. 100, sans être troublée après
l'agitation. Une plus grande quantité d'eau de chaux
trouble l'eau minérale en *bleu verdâtre* et il se fait,
bientôt après, un précipité ocreux volumineux mêlé
aux carbonates terreux (essais des mois de septembre et octobre 1862).

Cette expérience répétée, à la même époque, sur
de l'eau transportée constate une déperdition de
gaz acide carbonique libre ; l'eau minérale n'absorbe plus que de 24 à 25 gr. d'eau de chaux titrée.

Les mêmes essais opérés en hiver et au printemps constatent, au contraire, une augmentation
notable de gaz acide carbonique libre ; l'eau minérale

absorbe alors de 33 à 36 gr. d'eau de chaux titrée.

Les alcalis libres, potasse, soude, ammoniaque, troublent immédiatement l'eau en *bleu verdâtre*: après quelques instants il se fait un précipité ocracé volumineux.

L'eau alcaline restée au-dessus du dépôt bien formé, filtrée au papier lavé, accuse par l'acide sulfurique une notable quantité d'acide carbonique capté par les alcalis précipitants.

L'eau minérale versée dans un verre en cristal au fond duquel ont été placés des fragments de verre chauffés laisse échapper immédiatement des bulles de gaz sans que l'eau en soit troublée ; un verre à vitre mouillé d'eau de chaux et placé au-dessus du verre à expérience *louchit* à l'instant. Cette expérience simple et très fidèle accuse péremptoirement la présence de l'acide carbonique libre.

Cette expérience variée, pour y déceler la présence du gaz acide sulfhydrique aperçu légèrement par l'odorat, avec une vitre mouillée d'extrait de saturne, ne donne qu'un dépôt *blanc* de céruse et pas de teinte *noire* ou *brune*.

L'eau minérale traitée, d'autre part, par l'acide sulfurique n'accuse pas d'autre corps gazeux que l'acide carbonique par la même expérience.

L'eau acidulée, chauffée dans un matras muni d'un tube recourbé qui reçoit l'échappement des corps gazeux chassés par l'acide sulfurique aidé de la chaleur, produit une légère odeur de gaz acide *sulfureux* et précipite abondamment en *blanc* l'acétate de plomb tri-basique.

Le précipité plombique vérifié par l'acide sulfurique dilué ne laisse pas dégager d'autre gaz que l'acide carbonique.

Pendant l'opération de l'eau minérale acidulée et chauffée dans le matras, il ne s'échappe aucun gaz inflammable.

La même opération répétée pour recevoir l'échappement des gaz sous une cloche à mercure ne constate non plus aucun gaz inflammable.

Après l'absorption des corps gazeux acides par la potasse caustique pure, il ne reste que du gaz azote avec des indices sensibles de gaz oxygène. Ce dernier gaz n'a pu être constaté que dans l'eau minérale recueillie en hiver et au printemps.

La vérification des corps gazeux acides, absorbés par la potasse caustique, constatent de nouveau le gaz acide carbonique en assez grande quantité avec un dégagement de gaz acide sulfureux, à peine perceptible à l'odorat, mais sensiblement accusé par la décoloration d'une faible dissolution de permanganate de potasse.

Le dégagement d'odeur du gaz acide sulfureux accusant dans l'eau minérale la présence d'un sel hyposulfité, elle a été essayée par la teinture d'iode, dont quelques gouttes ont été décolorées instantanément (1).

AMMONIAQUE. — L'ammoniaque est décélée faci-

(1) Cette expérience de décoloration instantanée de la teinture d'iode par l'eau minérale a offert un résultat sensiblement le même avec plusieurs eaux de sources potables de la loca.

lement en chauffant, même légèrement, l'eau minérale alcalisée par la potasse pure, dans un matras
muni d'un tube recourbé ; le gaz alcalin n'est pas
accusé sensiblement par l'odorat, mais bien par
l'action de sa vapeur sur le papier de tournesol
rougi humide qui est ramené promptement au *bleu*.
Elle verdit le sirop de violettes.

D'autre part, une lame de verre imbibée d'acide
chlorhydrique mise en contact avec la vapeur dé-
gagée, laisse aussitôt s'échapper une *fumée blanche*
manifeste.

Ces mêmes caractères de la présence de l'ammoniaque sont fournis en chauffant simplement
l'eau minérale sans l'addition de la potasse.

En résumé, les essais indicatifs pratiqués sur
l'eau minérale pour y reconnaître les corps gazeux
libres et combinés, y démontrent la présence du
gaz acide *carbonique*, de l'*ammoniaque*, l'*absence
de tout gaz inflammable* (gaz hydro-carboné) et accu-
sent par des indices sensibles, les gaz acide *sulfureux, sulfhydrique, oxygène* et *azote*.

BASES ET ACIDES FIXES. — Pour l'indication des
bases et acides fixes dans l'eau minérale, à l'état
naturel :

L'*acide oxalique* et l'oxalate d'ammoniaque en
excès y ont produit un précipité *blanc* insoluble
dans l'acide acétique.

---

lité ; elle n'est pas décisive pour caractériser ici l'acide sulfureux, soit un sel hyposulfité, car on sait que la teinture
d'iode est aussi décolorée par l'élément alcalin des eaux.

Le phosphate de soude ammoniacal employé en excès après la précipitation de la chaux par l'acide oxalique, y forme un trouble qui se résume par l'agitation et le repos en un précipité *blanc cristallin*. Ce précipité séparé et lavé à l'eau distillée saturée de chlorhydrate d'ammoniaque a offert les caractères du *phosphate ammoniaco-magnésien*.

Les sels solubles de baryte, *acétate*, *nitrate* et *chlorhydrate*, n'exercent aucune action appréciable sur l'eau minérale dans son état naturel ; même résultat négatif avec le produit de la concentration de 4,400 grammes d'eau réduite au poids de 200 grammes.

L'azotate d'argent neutre y produit instantanément un volumineux précipité blanc qui devient presque aussitôt *noir*. Cette réaction s'opère de la même manière à l'abri de la lumière. Le précipité formé, séparé et lavé, est dissous en grande partie par l'ammoniaque en excès qui laisse intacte une *notable quantité d'argent métallique réduit*. La partie du précipité argentique dissoute par l'ammoniaque a pris une teinte *rose pourprée*.

L'acétate de plomb basique forme un précipité *blanc pur* abondant, qui se dissout en totalité, par l'addition de quelques gouttes d'acide acétique.

Le sulfhydrate de soude y produit un précipité *noir* abondant. Ce précipité séparé et lavé est dissous par l'acide sulfurique qui en chasse le gaz acide sulfhydrique et forme du sulfate de protoxyde de fer.

Le tannin détermine après un instant d'agitation

un abondant dépôt *rouge vineux* passant au *noir d'encre*.

L'acide gallique produit une coloration *violette foncée* qui garde sa transparence et ne précipite en *noir d'encre* qu'après deux ou trois jours.

Le ferri-cyanure de potassium donne immédiate- ment une coloration *bleu céleste foncé* suivie, bientôt après, d'un précipité manifeste de *bleu de Prusse*.

Ce précipité *bleu* séparé et lavé, puis traité par l'eau de potasse est décoloré et remplacé par un précipité ocreux de sesqui-oxyde de fer hydraté.

Le permanganate de potasse est décoloré instan- tanément par l'eau minérale et laisse un précipité *roux* considérable.

Toutes ces réactions attestent la présence d'une assez grande quantité *de fer* à l'état de *protoxyde*.

EAU MINÉRALE CHAUFFÉE. — L'eau minérale chauf- fée et concentrée *n'accuse absolument rien,* ni par les réactifs des proto-sels et persels de fer, ni par les sels solubles de baryte.

L'azotate neutre d'argent n'y produit plus, comme dans l'eau à l'état naturel, de précipité *noir* d'ar- gent réduit, mais seulement un très léger trouble opalin que l'addition de quelques gouttes d'acide azotique fait disparaître.

Par le repos du liquide traité par le nitrate d'ar- gent, et mis à l'abri de la lumière, il ne se produit *aucun précipité manifeste* de *chlorure d'argent*, mais un léger dépôt *rose cuivré* que l'ammoniaque redis- sout en prenant une teinte *pourprée*.

La chaux et la magnésie ne sont plus accusées que par des traces légères.

Le papier de tourne-sol *rougi* trempé dans l'eau minérale concentrée redevient aussitôt *bleu* et l'infusion de campêche passe au *violet*.

L'acide perchlorique et le bi-chlorure de platine y indiquent la *potasse*.

SALIN CALCINÉ. — Le produit de dix litres d'eau minérale évaporée à siccité, calciné à la chaleur rouge, a été traité par l'eau distillée bouillante pour y reconnaître ses éléments minéralisateurs exclusivement solubles. La partie restée insoluble a été examinée à part.

La partie du salin calciné, dissoute dans l'eau distillée bouillante, a été agitée et exposée à l'air pendant plusieurs jours pour vérifier la présence d'un peu de chaux et de magnésie que la calcination du salin carbonaté avait dû rendre soluble. Ayant reconnu, en effet, par la crème blanchâtre qui s'était produite à la surface du liquide, qu'une part des carbonates terreux avait subi la réduction en oxydes caustiques, j'ai dirigé un courant de gaz acide carbonique lavé dans la partie du liquide mise en réserve. J'ai chauffé ensuite pour dissiper le gaz excédant et filtré le liquide troublé par la précipitation des carbonates terreux.

Le liquide ainsi approprié a été vérifié par les essais suivants : Le papier de tourne-sol *rougi* et lavé, immergé dans cette solution aqueuse, est redevenu très lentement *bleu*. L'alcalinité y a été re-

connue moindre que dans une quantité proportion-
nelle d'eau minérale évaporée et concentrée à un
petit volume.

Les réactifs de la chaux, de la magnésie et du fer
n'ont amené aucun résultat.

Les sels solubles de baryte ont troublé le liquide
et produit un léger précipité *blanc* insoluble dans
l'acide nitrique.

L'azotate d'argent neutre y a formé un léger précipité *blanc* qui s'est cailleboté par l'agitation et est
resté insoluble dans l'acide nitrique. D'autre part,
la lumière l'a coloré en violet, et l'ammoniaque et
l'hyposulfite de soude l'ont dissous en totalité.

L'eau de potasse pure, versée par goutte dans le
liquide, n'a donné lieu à aucun trouble, ce qui confirme que les sels *chloruré* et *sulfaté* accusés ci-dessus sont à base alcaline. Ajoutons que le liquide
concentré suffisamment n'a pas troublé la solution
de sulfate et de bi-chlorure de platine.

La partie du salin calciné restée insoluble dans
l'eau distillée chaude, représentait les 9[10es de la
masse minérale ; elle fut attaquée par l'acide chlorhydrique qui a développé une vive effervescence
et a donné une dissolution *jaune verdâtre* en laissant insoluble une matière grisâtre A qui a été séparée.

La dissolution chlorhydrique a été évaporée avec
ménagement à siccité, au bain-marie, et le résidu a été repris par l'alcool aqueux bouillant qui
l'a dissous presque en entier. La partie insoluble

dans l'acool aqueux représentait une poudre *blanc jaunâtre* B qui fut séparée. La partie dissoute dans l'alcool aqueux a été successivement traitée par des réactifs spéciaux qui y ont indiqué, avec évidence, la chaux, la magnésie, le fer et le manganèse.

A. — La matière *grisâtre* A, inattaquée par l'acide chlorhydrique par suite d'une forte contraction éprouvée par la calcination du salin, a été essayée par une nouvelle calcination avec de la potasse caustique à l'alcool, et le produit repris par l'eau distillée qui l'a dissous en totalité sauf une minime parcelle de poudre charbonneuse. L'acide chlorhydrique et l'ammoniaque en ont séparé ensuite, d'une part, l'acide silicique et de l'autre, l'alumine qui a été vérifiée par sa calcination avec l'azotate de cobalt.

B. — La poudre *blanc jaunâtre* B, laissée insoluble par l'alcool aqueux dans le résidu de la dissolution chlorhydrique desséché, a été reconnue pour être du phosphate de chaud mêlé à un peu d'oxyde ferrique. En effet, traitée à chaud par l'acide sulfurique dilué, elle a accusé, d'une part, la chaux, et, de l'autre, l'acide phosphorique qui, après avoir été saturé par le carbonate de soude, a donné les réactions propres aux phosphates alcalins.

Des essais faits à part sur une plus grande quantité d'eau minérale, pour y rechercher spécialement *l'iode, l'arsenic* et l'acide *azotique*, n'ont démontré aucune trace manifeste de ces derniers corps, mais ont révélé la présence de *l'iode* par des *indices très sensibles*.

Les mêmes essais, répétés sur les boues ocracées des bassins pour y rechercher, d'une part, *l'iode* et, de l'autre, *l'arsenic*, ont manifesté de nouveau, d'une manière très nette, la présence de *l'iode*, mais ont été sans résultat *décisif* pour la démonstration de *l'arsenic*.

. Des recherches spéciales pour confirmer la présence de l'acide *crénique* et *apocrénique*, dirigées sur les boues ocracées déposées à la source, selon le procédé de Berzelius, ont fourni, soit par l'azotate d'argent et l'ammoniaque, soit par l'acétate de cuivre, les réactions caractéristiques de ces acides organiques des eaux, qui ont leur origine moins dans l'humus superficiel des terres que dans les végétaux *fossilifiés* ou modifiés par un enfouissement ancien.

En plus de ces acides organiques manifestés dans les dépôts spontanés des eaux, l'eau distillée chaude, alcalisée par un peu de potasse caustique, a extrait une notable quantité de cette matière organique *azotée* indéfinie appelée *glairine*. Elle apparaît d'ailleurs en abondance, dans le fond des bassins, sous la forme d'un réseau muqueux *confervoïde*.

Les boues ocracées, traitées par la potasse caustique, puis desséchées et calcinées, développent par l'acide sulfurique dilué, un dégagement très sensible de gaz acide *sulfhydrique*.

5

En résumé, les essais indicatifs pratiqués tant sur l'eau minérale à *l'état naturel,* que sur l'eau *concentrée,* sur le sal n *calciné* et sur les *boues,* ont révélé d'une manière distincte : la *chaux,* la *magnésie,* les alcalis *potasse* et *soude,* le *protoxyde de fer,* le *protoxyde de manganèse,* les acides *carbonique, phosphorique,* le *chlore, l'iode, l'alumine* et l'acide *silicique,* la *glairine,* l'acide *crénique* et l'acide *sulfurique,* mais ce dernier seulement dans le salin calciné, par suite d'une transformation en *sulfate,* de *l'hyposulfite de soude* existant dans l'eau à l'état naturel.

Après l'indication de toutes ces substances, manifestées par les moyens à la portée de la chimie pratique, quel que soit le degré de précision qu'ils offrent, elle n'est pas moins relative. Dès lors, même après un exposé consciencieux, reste, pour l'esprit avide de possessions illimitées la certitude d'une donnée incomplète. Au-delà de ces indications léguées par l'expérimentation classique, se dévoilent des horizons nouveaux, par les recherches micrographiques, par les riants procédés de l'analyse spectrale qui révèlent, avec une précision inouïe, des *infiniment petits* de corps connus et même des éléments inconnus. Mais la belle découverte des deux illustres Allemands, Kirschoff et Bunzen, restera quelque temps encore à l'état de resplendissement, avant de se condenser sous une forme agréable au modeste laboratoire, désireux de s'en servir, pour compléter l'indication des corps de la série des métaux alcaligènes. Jusque-là, le procédé indicatif spectral ne sera l'apanage que d'un petit nombre de mains habiles qui, par un maniement exercé, savent applanir les difficultés inhérentes à son fonctionnement parfait. Il ne faut pas le méconnaître, si un jet de lumière et un prisme de pur cristal deviennent, par le spectroscope, un réactif d'une infinie précision, c'est surtout par le mérite banal d'un long exercice. Pour s'en convaincre, il suffit de considérer ceci : depuis que le microscope est entre les mains de tous, combien peu savent s'en servir pour noter les riches observations qu'il fournit !

Quant au profit des indications données par la méthode spectrale, pour l'hydrologie minérale, en dehors de l'intérêt scientifique, reconnaissons qu'il n'en est aucun pour la thérapeutique. En effet, quel intérêt pourrait revendiquer une eau minérale, pour sa valeur thérapeutique, de la révélation d'une parcelle en plus de base alcaline ou terreuse, évaluée à quelques millièmes de milligramme, quand tout indique qu'elle existe également dans une simple eau potable et dans des substances faisant partie de notre alimentation journalière?

TROISIÈME PARTIE

Dosage

Les opérations pour le dosage des principes minéralisateurs ont été faites avec des quantités assez
considérables d'eau minérale qui ont varié de 10,000
à 15,000 grammes.

Les dosages les plus importants étaient ceux qui
concernaient l'oxyde de fer et l'acide carbonique,
c'est-à-dire la *base* qui caractérise essentiellement
cette sorte d'eau minérale et l'*acide* dominant dans
la masse minéralisatrice.

Ils ont été l'objet d'un travail spécial et j'ai été
assez heureux de leur appliquer des procédés nouveaux, à mon entière satisfaction (1).

Après avoir essayé divers procédés pratiqués
pour le dosage du fer, je n'ai pas tardé à reconnaître, par les pertes qu'ils avaient entraînées, qu'ils

(1) Dans mes travaux, il m'est arrivé souvent, par l'impossi-
bilité où je me trouve, dans la sphère que j'habite, de me pro-
curer toutes les publications en cours, de considérer comme
nouveaux des faits que j'aurais observés sans en connaître la
consignation. Je revendique, ici, la priorité des trois *procédés*
que je vais décrire. dont deux, pour le dosage du fer, et un
pour celui de l'acide carbonique, sur la déclaration sincère que
je ne les ai vus nulle part; mais aussi tout disposé à en rendre hommage à qui de droit, selon le cas de leur invention
antérieure.

ne sont pas suffisamment exacts. Eloigné de toute
intention de formuler un avis critique à leur sujet
je veux bien croire que les pertes éprouvées sont
dues aux complications des procédés et que leur
réussite est subordonnée à l'habileté. Cela ne m'a
pas moins contraint de rechercher quelque autre
procédé qui ait l'avantage de réunir la simplicité à
une très grande exactitude.

1ᵉʳ *Procédé : Dosage du fer par l'acide oxalique.*
L'eau minérale a été acidulée par l'acide oxalique
en léger excès et évaporée avec ménagement à siccité, au bain-marie. Le produit a été ensuite traité
par l'alcool rectifié à 85° qui a séparé du résidu la
totalité du fer à l'état d'oxalate acide avec la matière
organique extractive résineuse, l'acide crénique et
un peu de chlorure de sodium. Après un lavage
réitéré à l'alcool, le résidu est resté *blanc* et complètement dépouillé du fer. Tout le salin supplé-
mentaire est resté à l'état *insoluble*. Ce procédé est
très simple en ce qu'il permet de capter, d'un seul
coup, tout le protoxyde de fer existant à l'état de
bi-carbonate et de *crénate*, sans entraîner aucun des
autres oxalates formés, tous insolubles dans l'alcool (1).

Séparation du fer : La solution alcoolique d'oxalate de fer retiré en entier est évaporée dans une cap-

---

(1) L'extraction du fer s'opère avec le même succès en traitant le résidu de l'évaporation de l'eau minérale par une solution d'acide oxalique dans l'alcool.

sule de porcelaine jusqu'à siccité, et la calcination s'achève au creuset de platine. La haute chaleur produite gazéifie entièrement tous les éléments organiques auxquels le fer est associé et il ne reste que le sesqui-oxyde de fer avec un peu de chlorure de sodium qui est entraîné par un lavage à l'eau distillée bouillante. Le sesqui-oxyde de fer lavé est desséché de nouveau et il est alors assez pur pour être dosé.

Le résultat de deux opérations a donné en moyenne pour 1,000 grammes d'eau minérale : **0 $^{gr.}$ 099**.

Contrôle : La dissolution du sesqui-oxyde de fer isolé a été complète dans l'acide chlorhydrique d'où l'ammoniaque l'a précipité. Le précipité calciné de nouveau a reproduit, à une minime différence près, le même poids primitif.

2e *Procédé : Dosage du fer par l'azotate neutre d'argent, soit par voie de réduction du protoxyde d'argent.*

J'ai dit dans l'exposé des recherches indicatives, que l'essai de l'eau minérale par l'azotate *neutre d'argent* avait déterminé, avec la précipitation de tous ses sels *précipitables*, bi-carbonatés, crénatés et chlorurés, la réduction d'une quantité considérable de protoxyde d'argent à l'état de *poudre noire* d'argent métallique. Cette réaction intéressante, cette réduction de l'argent, me fit reconnaître un moyen très simple et aussi exact pour me rendre compte, *d'un seul coup*, de la quantité de protoxyde

de fer et de l'acide crénique en solution dans l'eau
minérale. L'addition d'ammoniaque pure dans le
précipité *mixte* formé de *carbonate, crénate, chlorure
d'argent* et *d'argent métallique réduit,* me permettait, en effet, de séparer complètement ce dernier,
qui, par la méthode des équivalents, donnait exactement le poids correspondant de protoxyde de fer
contenu dans l'eau. D'autre part, la dissolution du
crénate d'argent dans l'ammoniaque fournissait, par
la coloration *rose pourpre* produite consécutivement,
un caractère chimique de l'acide crénique qui donne
bien réellement cette coloration *pourprée* à l'état
de crénate double d'argent et d'ammoniaque soluble. Jusque-là, ce n'était qu'un procédé d'indication. Je conçus l'idée d'appliquer le *fait* de la précipitation de l'*argent réduit* et de sa séparation
parfaite du précipité mixte où il était engagé, à
l'aide de l'ammoniaque et d'un lavage régulier, au
dosage direct de la quantité correspondante de protoxyde de fer dissous dans l'eau minérale.

Le fait de la réduction de l'azotate d'argent neutre par un proto-sel de fer n'est pas chose nouvelle.
On sait que l'art photographique s'en sert habile-
ment pour activer la fixation du *noir d'argent* dans
les épreuves *négatives ;* mais il n'est pas à ma connaissance qu'on l'ait appliqué jusqu'ici au dosage
correspondant du fer *proto-ferré* en solution dans
les eaux ferrugineuses.

Voici comment j'ai procédé : sur 5,000 grammes
d'eau minérale pure et parfaitement limpide, j'ai

versé une solution concentrée de nitrate neutre d'argent pur jusqu'à précipitation complète des sels *précipitables,* ce dont je me suis assuré après l'agitation et le dépôt des précipités. Pendant cette opération, l'eau a été mise à l'abri de la lumière pour éviter toute action réductive de sa part. Après quelques heures, la réaction et le dépôt des précipités étant complets, j'ai décanté l'eau surnageante et lavé le dépôt à l'eau distillée à plusieurs reprises. Le liquide resté au-dessus du dépôt a accusé le fer à l'état de *sesqui-oxyde* et non plus à l'état de protoxyde. Il existait donc après la réduction argentique à l'état de nitrate de sesqui-oxyde de fer uni à tous les sels nitratés résultant du double échange ; condition heureuse pour le succès de l'opération, parce que ces divers sels nitratés contribuent à le maintenir en solution parfaite.

Le dépôt argentique mixte, lavé comme je l'ai dit ci-dessus, a été traité ensuite par l'ammoniaque pure qui a isolé tout l'argent réduit, en dissolvant seulement le précipité formé de carbonate, crénate et chlorure d'argent. Après un lavage successif à l'eau distillée, l'argent réduit, pur, a été desséché à 150° centigrades et pesé. Une première opération m'a donné en poids : **1,245** ; la deuxième : **1,265** ; moyenne : **1,255**.

Cette proportion, réduite à 1|5ᵉ, soit au résultat d'une opération fournie par 1,000 grammes d'eau minérale, donne **0,251** d'argent *réduit* représentant **0,01620** de gaz oxygène qui, réunis à

0,08935 de protoxyde de fer trouvé par le calcul dans le produit correspondant de la calcination de l'oxalate de fer (**0,099** sesqui-oxyde) donnent **0,10355** de sesqui-oxyde de fer ; différence : **0,00655,** c'est-à-dire 6 milligrammes et demi en plus.

Cette différence est, comme on le voit, assez minime ; elle peut provenir d'une réduction d'argent causée en excédant du proto-sel de fer par le proto-sel de manganèse et par la matière organique azotée (glairine), ce dont il faudrait tenir compte en se servant de l'azotate d'argent comme moyen de dosage du fer. Mais la part de réduction afférente au protoxyde de manganèse et à la glairine, existant en si minime quantité dans l'eau minérale, ne me paraît pas devoir infirmer l'exactitude et la fidélité de ce procédé qui, par sa simplicité et par sa forme expéditive, mérite, à mon avis, une introduction dans le répertoire des procédés de dosage du fer pour les eaux minérales *proto ferrées*.

Toutefois, je ne me suis pas arrêté, pour titrer le fer de l'eau de La Bauche, au résultat fourni par ce mode nouveau de dosage qui donnait quelques milligrammes de fer de plus, mais bien à celui obtenu de l'extraction directe du fer par le premier procédé (*procédé par l'acide oxalique*) qui est plus classique parce qu'il est basé sur la séparation manifeste et palpable du sesqui-oxyde de fer retiré, en état de pureté, de la calcination de l'oxalate.

ACIDE CARBONIQUE. — La masse minérale exis-

6

tant dans l'eau de La Bauche presque aux 4[5es, combinée à l'acide carbonique, il devenait facile de se rendre compte de sa quantité par les carbonates; mais le dosage de l'acide carbonique libre présentait une sérieuse difficulté.

Deux procédés ont été proposés pour déterminer la quantité de l'acide carbonique libre existant dans les eaux minérales. L'un, proposé par M. Buignet, est fondé sur l'emploi du *vide barométrique* qui absorbe le gaz carbonique en excès dans les eaux sans entraîner celui retenu en combinaison par les bi-carbonates; l'autre, donné par M. Gauthier de Claubry, consiste à chasser dans un récipient le gaz carbonique libre en dissolution dans les eaux, par un fort courant d'air *approprié*. On comprend de suite que ces deux procédés ne sont applicables, avec quelque précision, que pour les eaux dont l'élément bi-carbonaté offre un certain degré de stabilité; mais pour les eaux dont les sels bi-carbonatés ont une constitution fragile, tels que les bi-carbonates de protoxyde de fer et de manganèse, ils deviennent infidèles. Ce n'était pas le cas d'y recourir pour l'eau de La Bauche. En effet, l'un et l'autre procédé causaient le trouble de l'eau proto-ferrée, la décomposition du bi-carbonate de fer et conséquemment une émission de gaz acide carbonique combiné qui se mêlait au gaz libre. Cette difficulté insurmontable me fit concevoir le procédé suivant :

En captant, par une seule opération, tout l'acide

carbonique libre et combiné, il devenait facile, après le dosage des bases carbonatées existant dans l'eau, de répartir l'acide carbonique correspondant à chacune d'elles ; l'excédant devait être l'acide carbonique libre. Une expérience indicative de l'acide carbonique libre avait presque déterminé sa quantité dans l'eau minérale. Ainsi, 1,000 grammes d'eau avaient absorbé, à la source même, 28 grammes d'eau de chaux titrée à 0,15 pour 100 (essais des mois de septembre et octobre 1862) sans trouble apparent, ce qui représentait 0,039 de chaux, soit environ 30 milligrammes d'acide carbonique libre. Le résultat de l'expérience suivante démontre que cette évaluation est très rapprochée de celle trouvée par le dosage total de l'acide carbonique combiné et libre.

Dosage de l'acide carbonique par le protoxyde de plomb.

L'eau minérale limpide et conservant dans sa parfaite intégrité tous ses éléments, à la source même, fut reçue à la dose de 1,000 grammes et avec toutes les précautions exigées dans un ballon d'un peu plus d'un litre de capacité et muni d'un bouchon à deux tubulures, dont l'une droite et l'autre recourbée qui fut plongée dans un petit flacon à moitié rempli d'acétate tri-basique de plomb et suivi d'un autre à disposition semblable. La solution d'acétate tri-basique de plomb dans l'eau distillée, avait été préalablement alcoolisée légèrement par de l'alcool pur, rectifié, à la dose de 1[5e. Cette addition d'alcool fut faite pour maintenir la limpidité dans la solution de plomb et pour faciliter le précipité de carbonate de plomb, but de l'expérience. L'appareil étant ainsi disposé, fut placé sur un feu doux et une solution concentrée chaude d'acide oxalique fut versée dans le ballon par la tubulure droite plongeant dans l'eau minérale. La réaction fut modérée comme je le désirais; le passage du gaz carbonique s'effectua sans vitesse, et le dépôt de carbonate de plomb put se faire sans perte de gaz au sein de l'acétate tri-plombique alcoolisé. Ce procédé ressemble, sauf l'addition d'alcool, au procédé Thénard dit *de Clichy* pour la fabrication de la céruse. L'opération terminée, les flacons aux précipités de carbonate de plomb furent bouchés et mis en repos. Le dépôt ayant été parfait, j'ai décanté le liquide surnageant et lavé soigneusement le carbonate de plomb à l'eau distillée chaude. Le précipité enfin réuni fut séché et mis dans un creuset de platine longtemps chauffé au rouge pour en chasser tout l'acide carbonique et n'y laisser que le protoxyde de plomb fondu, dont le poids moyen fut trouvé de **1** gr. **900**.

CONTRÔLE. — L'oxyde de plomb calciné s'est redissous sans effervescence dans l'acide nitrique en ne laissant qu'un minime résidu assez faible pour être négligé.

Le poids du produit de la calcination du carbonate

de plomb, soit 1,^{gr} 900, accuse proportionnellement 0,^{gr} 3685 d'acide carbonique pour former
une combinaison intégrale à l'état de carbonate.
Cette quantité d'acide carbonique (0,3685) s'écarte
peu de celle que le calcul a trouvée dans la réparti-
tion de l'acide carbonique entre les bases bi-carbonatées existant dans 1,000 grammes d'eau minérale, savoir 0,3335 : différence, 0,0350.

Il y a donc, par 1,000 grammes d'eau de la Bauche, 0,3335 acide carbonique combiné et 0,0350
acide carbonique *libre*.

ACIDE CRÉNIQUE. — Cet acide manifesté dans la
réaction du nitrate neutre d'argent sur l'eau minérale par sa dissolution dans l'ammoniaque, à l'état
de *crénate pourpre* d'argent ammoniacal, aurait pu
être extrait de ce composé pour le dosage, par le
carbonate de potasse. Des essais faits dans cette
direction donnèrent des résultats avec perte. Il fut
extrait plus avantageusement par le procédé de
Berzélius, du produit de la concentration de 8,000
et de 12,000 grammes d'eau, dans deux opérations
successives. Il a été dosé à l'état de crénate de bi-
oxyde de cuivre; son contrôle a été opéré en le sé-
parant du bi-oxyde de cuivre par le gaz acide sulfhydrique, le reprenant par la potasse pour le
précipiter par l'azotate d'argent et le redissoudre
par l'ammoniaque avec son caractère distinctif.

Son poids moyen, rapporté à 1,000 grammes d'eau
minérale de La Bauche, a été trouvé de 0,0365.

REMARQUE. — Cet acide organique des eaux est

assez commun dans les eaux minérales qui sourdent dans le voisinage des dépôts *fossilifères* des
terrains tertiaires et quaternaires. Je l'ai observé
dans une argile ferrugineuse et calcaire très éloi-
gnée du contact des terres arables et même dans
un calcaire un peu bitumineux, riche en polypiers
(calcaire à scyphia). En dissolvant ce calcaire dans
l'acide chlorhydrique parfaitement pur, j'ai été
frappé de la présence d'une minime quantité de
matière organique qui a précipité comme l'acide
crénique, le nitrate d'argent et l'acétate de bi-oxyde
de cuivre.

Cette observation viendrait établir que l'acide
crénique des eaux a une origine plus ancienne qu'on
ne l'a faite en l'attribuant à l'humus des terres.

De fait, l'extrait humique dissous dans la potasse
ne donne aucune de ces réactions caractéristiques
de l'acide de Berzélius. L'acide crénique a très
vraisemblablement son gisement dans les matières
organiques enfouies anciennement et *fossilifiées* ; il
participerait ainsi de l'origine de l'acide *mellitique*
existant dans le minéral alumineux appelé *mellite*.

Ces considérations me sont suggérées parce qu'il
m'a paru qu'on a fait un grand abus de l'appellation
acide crénique et *crénate*, sur la supposition que le
terreau, l'*humus*, la *géine*, etc., dissous par les
alcalis des sols superficiels, les engendrent. Il n'est
presque pas d'eaux qui ne contiennent en dissolution de l'extrait humique plus ou moins résineux
et cependant elles ne sauraient être regardées
comme possédant l'acide crénique.

Une pareille confusion a fait naitre le doute sur l'existence de ce produit de certaines eaux et mettre ainsi en discrédit une sérieuse observation du grand chimiste suédois, qui en a enrichi non-seulement les annales hydrologiques, mais encore la géologie, par les déductions que la présence de ce corps dans les terrains *fossilifères* suscite au profit des études paléontologiques.

Dosage des principes minéralisateurs manifestés seulement dans le salin calciné.

Les principes minéralisateurs qui n'ont pu être constatés que dans le *salin calciné* sont : l'acide *sulfurique*, le *chlore* et l'*iode*, l'acide *phosphorique*, la *silice* et l'*alumine*.

ACIDE SULFURIQUE. — Les essais pratiqués sur l'eau minérale, soit dans son état naturel, soit concentrée, à l'aide des sels solubles de baryte, n'ont donné aucune indication manifeste de l'acide sulfurique ou d'un sulfate, tandis que le salin calciné a fourni une solution dans l'eau distillée où sa présence a pu être constatée.

L'addition de l'eau régale à l'eau minérale concentrée y avait déterminé la réaction du chlorure de barium par une précipitation sensible de sulfate de baryte.

La manifestation de la présence d'un sulfate n'avait pu être faite que par l'addition d'un agent oxydant à l'eau minérale concentrée et par la calcination de son salin.

Le sulfate *final* ne résulte donc que d'une transformation d'un des sels de la série *thionique* existant dans l'eau minérale dans un état inférieur d'oxygénation. En effet, ces sels, depuis l'*hyposulfite* jusqu'au *tétrathionate*, ne réagissent pas essentiellement sur les sels solubles de baryte, mais précipitent dès qu'ils ont éprouvé une suroxydation qui les transforme en *sulfates*.

La présence d'un hyposulfite alcalin avait été indiquée dans l'eau minérale à l'état naturel et de concentration ; toutes les tentatives faites pour l'isoler n'ont pas abouti, mais sa constatation m'a paru se déduire des remarques suivantes :

1° Du faible dégagement de gaz acide sulfhydrique opéré par l'agitation de l'eau minérale et qui accuse un sulfure alcalin dégénéré ;

2° Du dégagement sensible de gaz sulfureux en chauffant l'eau minérale acidulée par l'acide sulfurique ;

3° Des résultats comparés de la *non-précipitation* du chlorure d'argent dans l'eau minérale concentrée traitée par le nitrate d'argent et de sa précipitation *immédiate* dans la partie soluble du salin calciné ;

4° Enfin, de la décoloration sensible de la teinture d'iode par l'eau minérale.

D'autre part, un fait très remarquable observé dans la manière d'être de l'eau minérale, qui, après avoir laissé précipiter tout son fer par un trouble accidentel, recouvre sa limpidité et le protoxyde de fer en solution, ne peut être dû qu'à une réaction hyposulfitée.

En effet, j'ai constaté que l'eau minérale de La Bauche, embouteillée limpide à la source, après s'être troublée accidentellement dans les verres, après une précipitation totale de son fer à l'état de sesqui-oxyde, recouvrait bientôt, avec sa limpidité première, le protoxyde de fer en dissolution et tous ses caractères *proto-ferrés*.

Cette conversion est d'ailleurs appréciée par la réaction connue entre un hyposulfite alcalin et un *persel* de fer qui est ramené à l'état de *proto-sel*.

D'après ces faits, le sulfate *final* du salin calciné de l'eau minérale de La Bauche a été interprété à l'état d'hyposulfite. Il avait été reconnu à base de soude. Il a été dosé proportionnellement, par sa conversion en sulfate de baryte. Le calcul a donné, en moyenne, pour 1,000 grammes d'eau, sulfate de soude : **0,010,** égal à : **0,01215** hyposufilte.

CHLORE. — Comme l'acide sulfurique, le chlore n'a pu être apprécié que dans le produit du salin calciné. Il a été reconnu combiné en totalité au sodium, après la séparation d'un peu de carbonate de potasse avec lequel il est mêlé dans le salin calciné.

Le contrôle de la base du sel chloruré a été fait par le carbonate de potasse, par l'acide perchlorique et le bi-chlorure de platine qui n'ont produit aucune précipitation.

Le dosage en a été opéré sous la forme de chlorure d'argent. Le calcul a donné, en moyenne, pour 1,000 gr. d'eau, *chlorure de sodium :* **0,00473.**

IODE. — Ce corps révélé directement dans le produit de la concentration de 5,000 grammes d'eau alcalisée par la potasse pure à l'alcool, a été accusé aussi par des *traces sensibles* dans le précipité de chlorure d'argent obtenu du traitement de la partie soluble du salin calciné.

ACIDE PHOSPHORIQUE. — A été reconnu à l'état de phosphate de chaux par sa conversion en phosphate acide de chaux soluble, après avoir fait réagir l'acide sulfurique dilué.

Le phosphate acide de chaux a été transformé en phosphate de soude, puis en phosphate ammoniaco-magnésien et dosé à l'état de pyrophosphate de magnésie. Le poids moyen correspondant a donné, phosphate de chaux : **0,01026.**

SILICE ET ALUMINE. — Ont été extraites simultanément, du salin calciné par une nouvelle calcination avec un excès de potasse pure dans une capsule de fer. procédé qui a permis de les isoler après leur conversion en silicate et aluminate de potasse. Leur poids collectif, rapporté à 1,000 gr. d'eau minérale, a été trouvé en moyenne : **0,01450.**

Dosage des bases combinées aux acides carbonique et crénique.

Les bases combinées aux acides carbonique et crénique sont : l'ammoniaque, la potasse, le proto-xyde de fer, le protoxyde de manganèse, la chaux et la magnésie.

AMMONIAQUE. — La base volatile ammoniaque, a pu être facilement isolée, en la chassant de l'eau minérale, par la potasse caustique, dans un réci-pient contenant de l'eau distillée acidulée par l'a-cide chlorhydrique et maintenu dans un bain ré-frigérant de glace et sel pilés. Son dosage a été effectué ensuite avec le bi-chlorure de platine.

Elle a accusé, en moyenne, pour 1,000 grammes d'eau : **O** gr. **O1 700.**

Le *protoxyde de fer* a été isolé, comme nous l'a-vons vu, par des expériences de dosage faites à part.

Restaient à isoler : la potasse, la chaux, la ma-gnésie et le protoxyde de manganèse.

Ici, s'est présentée une difficulté sérieuse : l'iso-lement complet de la potasse ne pouvait être opéré que par la calcination du produit de l'évaporation de l'eau qui laissait à l'état insoluble, les carbona-tes terreux, le phosphate de chaux, la silice et l'alumine, le fer et le manganèse. Mais nous avons vu, par l'examen comparatif du produit de l'eau

minérale à l'état concentré et calciné, que l'alcalinité avait été amoindrie considérablement dans le
produit de la calcination. Il était évident que la
calcination du salin avait entraîné une perte de l'alcali, effet dû à la présence de la silice et de l'alumine, des oxydes de fer et de manganèse qui
avait donné lieu à la formation d'un *silicate mixte*
insoluble.

Ce résultat obligeait à procéder à l'isolement de
la silice et de l'alumine ou à les empêcher de réagir
sur l'alcali pendant la calcination du salin.

L'isolement préalable de la silice et de l'alumine
est peu pratiquable ailleurs que dans le produit
de la calcination ; les empêcher de réagir sur l'alcali, pendant cette opération, est un problème tout
aussi difficile à résoudre. Après des essais infruc-
tueux, j'ai pu réussir avec satisfaction, par le procédé suivant :

DOSAGE DE LA POTASSE. — Dix mille grammes d'eau
minérale ont été évaporés successivement, avec
tous les ménagements prescrits, dans une capsule
de porcelaine, et le produit de l'évaporation a été
desséché au bain-marie. En cet état, le salin a été
traité par l'acide sulfurique étendu de partie égale
d'eau distillée et chauffée ; sur la fin de l'évaporation, a été ajouté un peu d'acide nitrique pour dé-
truire complètement la matière organique. Ce traitement a eu pour but de capter uniformément
toutes les bases, ainsi que la potasse, retenue avec
persistance par la matière organique azotée, et de

faciliter la gazéification de cette dernière. Toute la potasse, réunie à l'état de sulfate, présentait ainsi une condition qui la rendait inattaquable par la silice et permettait d'en réaliser l'isolement avec avantage.

Le salin sulfurique a été desséché à feu nu, et calciné exactement jusqu'à la gazéification complète des éléments de la matière organique, et de manière à décomposer les combinaisons sulfatées du fer, du manganèse et de l'alumine.

Le salin sulfurique, après sa calcination complète, a été repris par l'eau distillée bouillante qui a dissous tous les sulfates non décomposés et laissé, en une masse insoluble, les sesqui-oxydes de fer et de manganèse, la silice et l'alumine avec le phosphate acide de chaux *contractés* pendant la calcination. La partie soluble a été notée A et celle insoluble B.

Les sels sulfatés A, en solution dans l'eau distillée, ont été traités par le carbonate de soude qui a précipité la chaux et la magnésie. Le mélange a été chauffé pour rendre complète la précipitation des carbonates de chaux et de magnésie. Leur séparation, effectuée après un lavage régulier, a été notée C.

Les sels restés en solution retenaient toute la potasse, à l'état de sulfate, mêlée au sulfate de soude et au carbonate de soude en excès; ils furent concentrés, puis traités par le bi-chlorure de platine qui en sépara la potasse à l'état de *chloroplatinate* de *potassium*.

Le contrôle de la potasse a été opéré de la manière suivante :

Les sels sulfatés alcalins, mêlés au carbonate de soude, ont été convertis en *acétates* par l'acétate de baryte. La dissolution a été évaporée à siccité, puis calcinée fortement pour transformer les acétates en carbonates alcalins. L'acide perchlorique y a indiqué la potasse et le bi-chlorure de platine l'a précipitée de nouveau.

Son dosage fut ainsi opéré : il a accusé en poids moyen rapporté à 1,000 grammes d'eau : *potasse* **O gr. O1701.**

Dans ce dosage du principe alcalin existant dans l'eau minérale combinée aux acides carbonique et crénique, ne figure pas un peu de soude qui a été appréciée à l'état de bi-carbonate uni au bi carbonate de potasse ; mais sa quantité m'a paru assez minime pour être négligée.

B. MANGANÈSE. — La partie insoluble du salin sulfurique calciné contenait les oxydes de fer et de manganèse, la silice et l'alumine, et le phosphate de chaux. Ces principes minéralisateurs, rendus absolument insolubles par la calcination, furent mis en digestion à chaud, pendant plusieurs jours, dans de l'eau distillée contenant de la potasse caustique en excès et calcinés de nouveau. Ce traitement amena une dissolution mixte de silicate, d'aluminate et de pyro-phosphate de potasse, et laissa les oxydes de fer et de manganèse avec la chaux du phosphate acide calcique déplacée par la potasse.

Ce résidu insoluble fut repris, à chaud, par l'acide sulfurique dilué et la dissolution a été évaporée à siccité et calcinée exactement.

Le produit de la calcination fut lavé à l'eau distillée chaude, pour purifier les oxydes métalliques ; après cette opération, ils furent mis en digestion dans une solution alcoolique d'acide oxalique qui a séparé tout l'oxyde ferrique de l'oxyde de manganèse. Ce dernier a été converti ensuite, par la calcination au creuset de platine, en *oxyde rouge* et pesé ; son poids, le minime entre tous ceux des éléments minéralisateurs de l'eau, a été trouvé de **0,00150**.

C. CHAUX ET MAGNÉSIE. — Le dépôt C, composé des carbonates de chaux et de magnésie, a été repris par l'acide chlorhydrique et la dissolution a été évaporée à siccité et calcinée fortement pour opérer le départ des deux bases. Elles ont été dosées, l'une à l'état de chlorure de calcium, l'autre à l'état de magnésie *anhydre*, selon le procédé donné par MM. O. Henri (1).

Le chlorure de calcium anhydre représentait la chaux égale à **0** gr. **09889**.

La magnésie anhydre a été dosée directement. Son poids moyen est de **0** gr. **03991**.

Le traitement du salin, produit de l'évaporation de l'eau à siccité, par l'acide sulfurique suivi de la

_____

(1) Traité de l'analyse pratique des Eaux minérales par MM. O. Henry père et fils.

calcination du salin sulfurique, m'a paru le plus
simple et le plus exact pour séparer, sans perte
aucune, la potasse et aussi avec avantage la plupart
des principes minéralisateurs. Il m'a été suggéré
par le fait de l'*incomplète séparation de la silice* en
procédant par voie de dissolution du salin avant sa
calcination; la silice, en effet, et même la potasse
restent encore retenues en grande partie par la
matière organique qui ne les cède qu'après sa
destruction. Par le traitement sulfurique du salin
suivi de sa calcination, il n'y a plus lieu de voir
une réaction de la silice sur la potasse qui est
rendue inattaquable par sa forte condition de sel
sulfaté.

MATIÈRE ORGANIQUE. Le réseau confervoïde qu'on
observe en assez grande quantité dans le fond des
bassins des eaux, accuse la présence de la glairine,
car ces conferves gélatiniformes ne sont alimentées
que par l'altération à l'air, de la glairine précipitée,
qui, comme toutes les substances azotées en voie de
décomposition, occasionne la production de ces
végétations à organisation indéfinie remarquées dans
les eaux. Ce réseau onctueux est imprégné de sesqui-oxyde de fer qui le colore en *rouge orangé*. Il
devient *blanc grisâtre* par l'acide chlorhydrique
dissous dans l'alcool aqueux qui enlève l'oxyde
rouge de fer et laisse insoluble la conferve repré-
sentée par un réseau muqueux informe. Celle-ci,
calcinée dans une capsule de platine, répand une
odeur animale avec de l'ammoniaque et laisse une

cendre un peu alcaline où la silice, l'alumine, et un peu de phosphate de chaux sont reconnus.

Cette cendre et l'ammoniaque et l'odeur caractéristique qu'elle répand par la calcination, semblent devoir lui attribuer une origine animale. Mon opinion, reproduite après des micrographes distingués, est qu'elle provient de la dépouille des *monades* hydrominérales. C'est pourquoi j'appellerai *monadaires* les conferves des eaux.

L'examen de ce réseau confervoïde au microscope ne m'a laissé apercevoir qu'une masse spongieuse, diaphane, sans marque distinctive d'organisation.

Dans les verres contenant de l'eau minérale et mal bouchés, l'oxygénation intervenant, il se fait un dépôt ocreux avec un peu de *glairine* organisée; l'intervention extérieure de l'oxygène opère donc deux faits : le dépôt du fer *proto-ferré* soluble passé à l'état de *sesqui-oxyde* insoluble et celui simultané de la glairine *invisible* à l'état d'organisation indéterminée.

Il fallut chercher cette matière organique telle qu'elle existe en solution à l'état invisible dans l'eau minérale. Une assez grande quantité d'eau fut réservée à cette recherche.

Le dosage de la matière organique présente beaucoup de difficulté non pas qu'il ne puisse s'effectuer, mais bien parce qu'après tous les soins employés, on n'est pas certain de son exactitude. L'indifférence chimique de cette matière ne permet pas de la séparer à la manière des *bases* et *acides*.

8

Le peu de connaissance qu'on possède sur la nature même de la matière organique *azotée* la plus remarquable, le fait de son agrégation très probablement physiologique avec des matières minérales complexes, telles que la potasse, la silice, l'oxyde de fer et le phosphate de chaux, retrouvés dans sa cendre, rendent son dosage direct incertain. En reprenant, par l'alcool rectifié, le résidu de 15 litres d'eau de La Bauche, desséché avec soin à une chaleur moindre de 80°, on obtient une solution *teintée* légèrement en *brun jaunâtre*. En traitant à plusieurs reprises ce résidu avec de l'alcool à 60° centésimaux, à chaud, on retire une nouvelle teinture un peu plus foncée. Les deux solutés alcooliques ont été réunis et évaporés. Après la volatilisation du menstrue alcoolique, il est resté une matière extractive *brune*, un peu amère et âcre, d'où l'éther sépare une matière résineuse et bitumineuse *jaune verdâtre* en minime quantité.

Dans toute cette partie de la matière organique enlevée par l'alcool, il n'a pas été trouvé d'azote soit d'ammoniaque par sa calcination avec la potasse. Je l'ai désignée *extrait humique*. Elle a été dosée par différence après sa destruction, par la calcination, pour la séparer d'un peu de sel que l'alcool avait entraîné avec elle.

Le résidu salin, après son traitement alcoolique, a été repris par l'eau distillée chaude. Le soluté aqueux accusait une légère réaction alcaline que je fis disparaître par l'addition d'acide acétique. Le liquide, amené à un certain état de concentration, fut additionné d'un mélange d'alcool rectifié et d'éther acétique. Ce traitement y manifesta un *trouble,* puis un dépôt concret de matière organique *grisâtre.* Elle fut reprise par l'eau distillée chaude additionnée d'acide acétique ; elle s'y délaya, sans se dissoudre, sous forme de *flocons blancs ;* c'était la glairine : l'évaporation complète du liquide la laissa à l'état sec.

Son essai à la calcination sur une cuiller de platine donna de l'ammoniaque et une minime cendre impondérable.

Le poids des deux matières organiques réunies, azotée, *glairine,* et non azotée, *extrait humique,* a été trouvé, en moyenne, pour 1,000 grammes d'eau, de 0,0120, mais celui de la matière azotée, glairine, y est supérieur à celui de l'extrait humique.

Tableau récapitulatif

DOSAGES RAPPORTÉS A 1,000 GRAMMES D'EAU MINÉRALE

(Moyenne de deux opérations)

Acides faibles chassés de leurs combinaisons salines :

	gr.	gr.
Acide carbonique....................	0,36850	
— crénique.......	0,03650	0,40500

Bases dosées après avoir été séparées, par voie de réaction, de leur combinaison avec les acides carbonique et crénique :

	gr.	gr.
Protoxyde de fer...........	0,08935	
— manganèse..	0,00150	
potasse	0,01701	
magnésie	0,03991	0,26366
chaux	0,09889	
ammoniaque	0,01700	

Sels dosés proportionnellement dans leur état de constitution saline, par voie de double décomposition :

	gr.	gr.
Phosphate de chaux........	0,01026	
Sulfate de soude rapporté à l'état d'*hyposulfite*............................ ...	0,01215	0,02714
Chlorure de sodium	0,00473	
Iodure alcalin (traces)....................	» » »	

Corps indifférents isolés et dosés par groupes :

	gr.	gr.
Silice............) Alumine........)	0,01450	
Glairine ....) Extrait humique..)	0,01200	0,02650
TOTAL...........	0,72230	0,72230

RÉSUMÉ

L'eau minérale ferrugineuse (proto-ferrée) de La Bauche, d'après les recherches d'indication les plus précises et d'après le dosage des substances, confirmé par le contrôle, contient dans son état naturel :

En bases combinées :

Protoxyde de fer ;
— manganèse ;
— potassium ;
— sodium ;
— magnésium ;
— calcium ;
Ammoniaque ;

En acide libre et combiné :

Acide carbonique ;

En acides et corps halogènes combinés :

Acide phosphorique ;
— (hypo-sulfureux ;
   (sulfurique ;
— crénique ;
Chlore ;
Iode (traces sensibles) ;

Et en substances existant à l'état libre ou dont le mode de combinaison est indéterminé :

Silice ;
Alumine ;
Glairine ;
Extrait humique.

L'analyse n'a trouvé, soit dans l'eau à l'état naturel, soit dans le salin produit de l'évaporation d'une assez grande quantité d'eau, soit encore dans les boues ocracées, *aucune trace manifeste* d'arsenic et d'azotates.

Indication des sels existant dans l'eau minérale par groupes.

Dans le nombre des bases combinées, il en est qui sont combinées à deux acides.

Ce sont : le *protoxyde de fer*, l'*ammoniaque*, la *potasse*, combinés en partie à l'acide carbonique à l'état de *bi-carbonates*, en partie à l'acide crénique à l'état de *crénates* ; la *chaux*, aux acides carbonique et phosphorique ; la *soude*, à l'acide sulfurique, préexistant à l'état d'acide hyposulfureux et à l'acide chlorhydrique, soit au chlore.

Les sels *bi-carbonatés* sont :

Le bi-carbonate de protoxyde de fer;
— — de manganèse;
— de potasse;
— d'ammoniaque;
— de magnésie;
— de chaux.

Les sels *crénatés* sont :

Le crénate de protoxyde de fer;
— d'ammoniaque;
— de potasse.

Le poids moyen du salin *calciné* à 180° centigrades, rapporté à 1,000 grammes d'eau, est de 0 gr. 386 milligrammes.

Cette eau minérale est remarquable :

Par la simplicité de sa minéralisation ;

Par sa faible densité qui la rend très légère à l'estomac ;

Par l'heureuse condition presque entièrement *bi-carbonatée* de ses sels divers ;

Par sa forte proportion en protoxyde de fer ;

Par la propriété qu'elle a de le conserver en solution ;

Enfin, par le groupe de ses sels *proto-ferrés*, exclusivement *bi-carbonaté* et *crenaté* uni à celui, de même condition, de la potasse et de l'ammoniaque qui doit aider puissamment à son action.

Interprétation

La connaissance de la minéralisation si simple de cette eau, dont les sels sont presque aux 4[5es carbonatés, dont la somme minéralisatrice est peu considérable, a facilité sa composition qui a été appréciée comme il suit :

COMPOSITION DE L'EAU MINÉRALE DE LA BAUCHE RAPPORTÉE A 1,000 GRAMMES

Gaz de l'air (oxygène et azote)	indéterminé
Gaz acide sulfydrique libre (traces).....gr.	» » »
Acide carbonique libre....	0,03500
Bi-carbonate de chaux.......	0,25180
— de magnésie............ ..	0,12129
— de protoxyde de fer	0,14257
— de potasse..........	0,02150
— d'ammoniaque.............	0,02850
— de manganèse	0,00350
Crénate de protoxyde de fer............	0,03050
— de potasse.....................	0,01950
— d'ammoniaque	0,01450
Hyposulfite de soude	0,01215
Phosphate de chaux	0,01026
Chlorure de sodium..	0,00473
Iodure alcalin (traces sensibles)	» » »
Silice .... / Alumine......... \	0,01450
Glairine .... / Extrait humique.. \	0,01200
TOTAL...........	0,72230

CONCLUSION

L'eau de La Bauche est donc une eau minérale *ferrugineuse bi-carbonatée, crénatée, alcaline, hyposulfitée* et un peu *ammoniacale,* non gazeuse, mais où le gaz acide carbonique et le protoxyde de fer sont dans un parfait état de saturation. La forte proportion de son élément protoferré, bi-carbonaté et crénaté, dépassant considérablement celle trouvée dans les eaux ferrugineuses de cette nature les plus estimées, jointe à la bonne condition minéralisatrice de ses sels divers, place cette eau minérale au plus haut point de considération pour son emploi thérapeutique et pour sa popularisation.

Charles CALLOUD.

Dans sa séance du 3 juillet 1863, la Société Médicale, après avoir entendu la lecture du travail de M. Ch. Calloud, l'un de ses membres, sur les Eaux minérales ferrugineuses de La Bauche, lui donne la plus vive approbation et en décide l'impression.

Les membres du bureau :

REVEL, *président.*
MOLLARD, *vice-président.*
DENARIÉ, *secrétaire.*
REVEL FILS, *secrét. archiv.*
GRAND, *trésorier.*

Chambéry. — Imp A. POUCHET et Comp. Place St-Léger, 27

www.ingramcontent.com/pod-product-compliance
Lightning Source LLC
Chambersburg PA
CBHW032308210326
41520CB00047B/2281